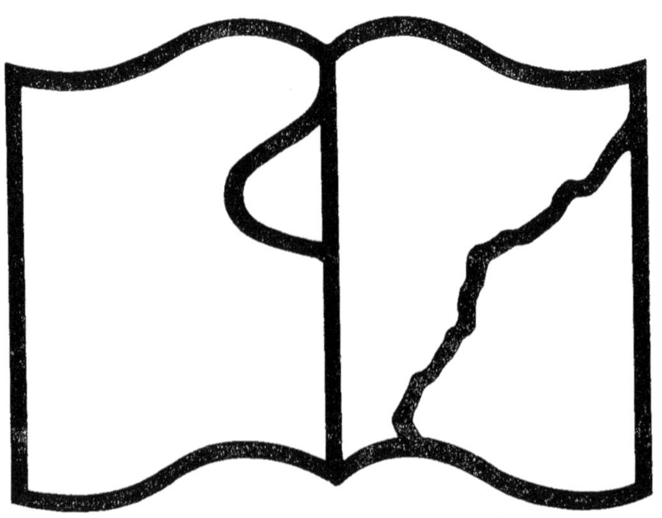

Texte détérioré — reliure défectueuse

NF Z 43-120-11

Contraste insuffisant

NF Z 43-120-14

BULLETIN DE L'INSTITUT OCÉANOGRAPHIQUE
(Fondation ALBERT Ier, Prince de Monaco)
N° 115. — 5 Avril 1908.

ETUDES

SUR LES

Gisements de Mollusques comestibles des Côtes de France.

La côte Nord du Finistère.

par L. JOUBIN
Professeur au Muséum d'Histoire naturelle de Paris
et à l'Institut Océanographique

La carte des gisements de Mollusques comestibles qui correspond à cette note comprend la portion des côtes de France qui va de la baie de Lannion aux environs de la baie de Guisseny. C'est la huitième de la série que nous publions, M. Guérin et moi, depuis quelques années, grâce à la libéralité de S. A. S. le Prince de Monaco qui a bien voulu faire les frais considérables de cette publication.

Comme je l'ai fait pour les feuilles précédentes je dois remercier l'administration de la Marine qui a consenti à prendre cette entreprise sous ses auspices et donner aux divers agents de l'Inscription Maritime et des Pêches des instructions qui m'ont été fort utiles. C'est surtout à M. Cadiou, Administrateur de l'Inscription Maritime de Morlaix et aux Syndics et Garde-pêches placés sous ses ordres depuis Locquirec jusqu'à Guisseny que je dois une foule de renseignements sur de nombreux points de la côte, renseignements que j'ai ensuite contrôlés moi-même.

Mais je n'aurais certainement pas pu mener à bien ce travail considérable si je n'avais trouvé au Laboratoire de Roscoff un accueil et une installation qui m'ont été de la plus grande utilité. M. le professeur Delage a mis sa Station biologique, son personnel et ses embarcations à ma disposition, et c'est ainsi que j'ai pu circuler sur de nombreux points de la côte que je n'aurais pu visiter autrement tant leur accès est difficile. En outre, grâce à l'intelligence du patron Le Matte du bateau automobile, j'ai pu lui faire exécuter au loin des vérifications et des observations importantes pendant que j'en faisais moi-même ailleurs. J'ai pris la station biologique de Roscoff comme centre d'action, et j'ai pu grâce aux avantages que j'y ai trouvés, faire l'étude d'une étendue de côte bien plus considérable que si j'avais opéré dans une autre région de ce littoral si difficile. Je prie mon cher maître, M. Delage, de vouloir bien agréer tous mes remerciements pour le service qu'il m'a rendu. Pendant mon séjour à Roscoff le laboratoire a été rattaché au service des pêches de la Marine ; ce travail de zoologie appliquée sera donc le premier qui paraîtra sous la nouvelle organisation de la Station. Je suis heureux d'inaugurer cette nouvelle série et de faire hommage à M. Delage de ce travail spécial ; c'est je crois la façon de lui témoigner ma reconnaissance qui lui sera le plus agréable.

La série des cartes que nous avons publiées jusqu'à présent, M. Guérin et moi, comprend toute la côte de France de Lorient à la Gironde. Les feuilles nouvelles prêtes à paraître, contiendront les portion de la côte de la Gironde à la Bidassoa et de la Vilaine à la rivière d'Auray. Nous aurons donc ainsi fait l'étude complète de la côte de l'Océan, de Lorient à l'Espagne. En outre une feuille relative à la Manche, du Havre à Cherbourg, a paru. Nous n'avions pas encore entamé l'étude de la côte granitique du Nord de la Bretagne, côte qui présente un faciès si particulier et des conditions biologiques très différentes de celles que l'on observe sur les autres points du littoral déjà décrits.

Il est utile de donner d'abord quelques détails sur les caractères généraux de cette portion de la côte ; ils n'ont pas encore été l'objet de descriptions particulières au point de vue spécial

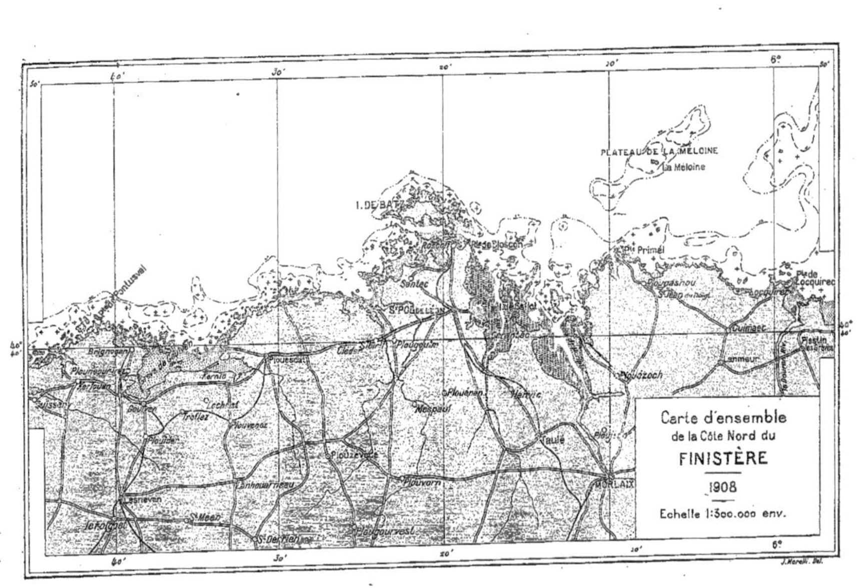
Carte d'ensemble
de la Côte Nord du
FINISTÈRE
1908
Echelle 1:300.000 env.
PLATEAU DE LA MÉLOINE
La Méloine
I. DE BATZ
Santec
Pte Primel
Plougasnou
Pte de Locquirec
Guimaec
Lanmeur
Plouézoch
MORLAIX
Taulé
Henvic
Plouénan
Mespaul
Plouvorn
Plouzévédé
Plougourvest
Lanhouarneau
Plouvenez
Plouescat
Cléder
Plougoulm
Brignogan
Kerlouan
Goulven
Tréflez
Lochrist
Plouider
Lesneven
St Méen
St Derrien
Pontusval
J. Morelli. Del.

qui nous occupe dans ce travail, en outre, ils pourront être utilisés pour les feuilles suivantes de notre carte (pointe de la Bretagne, Lannion à Saint-Malo, Saint-Malo à Cherbourg).

La côte est entièrement formée de granites, granulites et roches analogues, de diorite, de schistes anciens, etc... Toutes ces roches sont fort dures, mais elles le sont inégalement, et l'usure qu'elles subissent par l'action de la mer, se traduit de différentes manières.

La mer est très violente sur toute cette pointe avancée du continent dans l'Océan, et les courants sont très forts; les marées y atteignent jusqu'à 9 mètres de hauteur. Malgré ces actions violentes, le travail d'usure et de démolition de la côte par la mer doit être fort lent ; il se traduit par un polissage des roches les plus dures et un déchiquetage des autres ; en certains points, souvent sur de grandes étendues, la côte est formée d'énormes blocs éboulés et polis, arrondis, et malgré cela, susceptibles d'être remués par la mer ; nous verrons qu'ils offrent une condition très spéciale d'habitat aux animaux. Ailleurs la côte est déchiquetée en innombrables écueils qui sont les vestiges de l'ancien littoral détruit par l'action des phénomènes d'abrasion. Le plus grand de ces écueils est l'île de Bas, dont la côte, profondément découpée, est fort intéressante à étudier au point de vue de sa faune et de sa flore. Ailleurs ces écueils manquent et la falaise très élevée tombe verticalement dans la mer, sans îlots ni rochers détachés.

Une seule coupure dans cette côte donne issue, dans son fond bifurqué, à deux petites rivières, celle de Morlaix et celle de Saint-Pol de Léon, ou Penzée. Ces deux rivières, comme toutes celles de Bretagne, ne sont que de simples ruisseaux dont les estuaires considérables, à l'aspect de fjords, ne répondent pas par leurs dimensions au minuscule débit du cours d'eau. Ces estuaires sont fort intéressants par la riche faune qu'ils abritent, faune qui varie beaucoup selon qu'on l'examine plus ou moins près du large.

Il va sans dire que les mollusques comestibles varient, comme les autres animaux, selon la nature du sol côtier, et que si en certains points ils sont peu abondants, ailleurs ils sont au contraire nombreux et variés.

On remarque de nombreuses grèves sur cette portion de la côte ; les unes sont de petites dimensions, les autres atteignent plusieurs kilomètres de long. Certaines d'entre elles sont très en pente et formées de sables très purs, d'autres sont peu inclinées, à sable très fin ou vaseuses. Les unes sont très riches en animaux, les autres très pauvres. Certaines d'entre elles se prolongent par des dunes sur le littoral.

En aucun point de cette portion de la côte bretonne il n'y a de roches calcaires, bien que l'on trouve des débris crayeux rejetés çà et là sur le rivage. Je renvoie aux beaux travaux de M. le professeur Pruvôt pour l'exposé de la nature de cette côte et sur l'action que les divers phénomènes marins y produisent. On y trouvera aussi des indications détaillées et précises sur les diverses variations des faunes littorales des environs de Roscoff. Je n'y insisterai pas davantage ici, n'ayant en vue que l'étude très spéciale des Mollusques comestibles.

Je prendrai successivement chacun de ces Mollusques et j'étudierai l'utilisation commerciale qui est faite.

I. — OSTREA EDULIS

L'huître commune est confinée dans l'embouchure des deux rivières de Morlaix et de Saint-Pol de Léon. Dans le reste de la côte il n'y en a pas, et d'après les renseignements qui m'ont été fournis par les pêcheurs, jamais la drague ni le chalut n'en rapportent du large.

Comme je l'ai fait pour les feuilles précédentes de cette carte je décrirai d'abord les huîtrières naturelles, et ensuite les parcs.

A. — **Banc naturel.**

Il n'y a qu'un seul banc naturel important; les autres se réduisent simplement à quelques points, assez voisins du premier, où l'on trouve quelques huîtres.

Ce banc est connu sous le nomde *Banc S*t.*Yves*. Il occupe

un portion du chenal de la Penzée ou rivière de Saint-Pól de Léon, dans sa partie haute, assez loin de l'estuaire proprement dit.

Ce banc fort étroit occupe le fond du chenal sur une longueur de deux kilomètres environ, entre le rocher des Cheminées en aval et le château de Kerlaudi en amont. (Nos en rouge, 1, 2, 3). Mais il est loin d'être partout également garni d'huîtres. Une première portion (1) est peu étendue, mais assez bonne; une seconde (2), plus longue est également assez bonne; mais entre les deux se trouve une région pauvre (en pointillé rouge). Ce sont là les limites officielles du banc. Mais au-dessus on trouve encore des huîtres, et en dessous il y en a sur près de trois kilomètres de long dans le chenal, jusqu'en face de la plage de Pempoull (3) où l'on en trouve fréquemment dans les grandes marées; lorsque la mer baisse assez pour que l'on puisse s'approcher du chenal on en recueille en quantité appréciable.

Les dragages officiels sont autorisées sur ce banc tous les ans pendant un jour sous la surveillance de l'Inscription maritime. La drague donne 25.000 huîtres dans les bonnes années, 12.000 à 15.000 ordinairement. Ces huîtres sont belles et grosses, mais elles sont peu estimées en raison du goût de vase assez prononcé que leur donne la nature très vaseuse du terrain qui forme le fond du chenal. Celles que l'on prend plus bas, sur la grève de Pempoull n'ont pas ce goût; d'ailleurs un court séjour dans les parcs suffit à le faire perdre à celles du banc proprement dit.

Comme la plupart des bancs d'estuaires, le banc Saint-Yves est en voie de disparition; il est bien certain qu'il occupait il n'y a pas encore beaucoup d'années tout le chenal de la rivière jusqu'à la pleine mer; il se rétrécit par ses deux extrémités et il est en outre fragmenté par une portion pauvre. Il est vraisemblablement voué à une disparition prochaine. On voit, à ce sujet, se poser là comme ailleurs, une question fort controversée. Quand on interroge les pêcheurs, les ostréiculteurs ou les agents de la marine, on se trouve en présence de deux opinions contradictoires. Les uns disent que le banc s'envase parce qu'on ne le *nettoie* pas assez, et ils voudraient que la drague fut plus fréquente afin de *remuer* les huîtres. Les autres soutiennent que les huîtres disparaissent parce qu'on les drague trop et que le seul moyen de reconstituer le banc est de le laisser tranquille. Ce sont là des opinions qu'il faudrait étayer sur des observations scientifiques et non sur des affirmations sans bases. Il faudrait que l'administration de la marine instituât des expériences de longue durée et de précision sérieuse. Cela serait peut-être facile à organiser sur le banc Saint-Yves, maintenant que la station biologique de Roscoff qui en est toute proche est rattachée au service de la marine.

Il faudrait aussi, là comme partout, que la surveillance fut efficace et que les pillards fussent sévèrement punis. Il y aurait beaucoup à dire et à faire de ce côté.

En outre du banc Saint-Yves et de ses annexes sur la grève de Pempoull on trouve encore des huîtres dans la partie sud du rocher de Beclem (5) et à l'ouest de la pointe de Barnenez (**8**) à l'embouchure de la rivière de Morlaix. Elles sont peu abondantes mais de grandes dimensions ; c'est la grande huître *pied de cheval* qui n'est autre que la forme agée de l'*Ostrea edulis*. Elles sont le plus souvent collées sur des pierres d'où l'on ne peut les détacher qu'au moyen d'un ciseau. On en trouve encore quelques-unes sur l'îlot de Duon, et même dans les herbiers qui entourent l'île verte sous le laboratoire même de Roscoff.

B. — Parcs Ostréicoles.

L'industrie ostréicole de cette région, consiste exclusivement dans l'exploitation d'un petit nombre de parcs situés sur la rive droite de l'embouchure de la rivière de Morlaix, entre le ruisseau du Dourdu et les deux phares de l'entrée de la rivière. Cet estuaire est formé par une immense vasière couvertes d'herbiers de zostères, et le chenal y serpente sur une grande longueur. C'est sur le bord du chenal que se trouvent les parcs qui ne sont autre chose que des surfaces dont les zostères ont été enlevées et le sol consolidé par des dépôts de sable et de coquilles.

La surface totale des concessions est officiellement de 38 hectares et demi, mais il y en a quelques-unes qui ne sont pas du tout occupées et d'autres qui ne le sont pas entièrement. Il y a actuellement onze ou douze parcs seulement qui sont utilisés et je ne crois pas que la surface recouverte d'huîtres atteigne la moitié des 38 hectares concédés. Il est impossible de connaître exactement ces surfaces qui d'ailleurs peuvent varier d'une saison à l'autre.

Les principaux groupes de parcs sont situés un peu au-dessous de l'embouchure du Dourdu (**6**) sur la rive droite sous la pointe de Barnenez (**7**) autour des deux phares (**8** et **9**) à l'entrée de la rivière.

Il est nécessaire de remarquer que l'accès de ces parcs ne peut guère se faire que par bateau, la vase de l'herbier qui les sépare de la côte étant très molle il est difficile, sinon impossible, d'y marcher. En outre, il est nécessaire de faire remarquer que ces parcs sont situés trop près du chenal qui, à mer basse, reçoit les égouts de la ville de Morlaix (16.000 habitants). Il serait bon, me semble-t-il, si on se décide à exiger que les huîtres de certains parcs passent quelques jours en eau pure dans des bassins de stabulation, de transporter dans des parcs annexes installés *hors du chenal*, *en dehors des phares*, les huîtres qui auraient put être contaminées dans le chenal. Ce serait facile et peu coûteux à organiser dans certaines petites anses abritées du voisinage, par exemple dans la baie de Barnenez ou quelqu'autre analogue bien abritée. Les ostréiculteurs de la région échapperaient ainsi à toute critique et ils ne pourraient qu'en tirer profit.

Les huîtres des parcs proviennent soit de la drague dans le banc de Saint-Yves, soit de la rivière de Tréguier, soit de celle d'Auray.

C'est à ces installations très restreintes que se réduit l'industrie ostréicole de la région. Si l'on y ajoute quelques caisses et dépôts temporaires qui se trouvent dans le port même de Morlaix et qui seraient à supprimer radicalement et sans aucun délai on aura un aperçu complet de cette industrie très rudimentaire comme on peut s'en rendre compte.

Quelques essais d'ostréiculture ont été, il y a quelques années, tentés par M. de Lacaze Duthiers, au laboratoire même de Roscoff, mais ils ne paraissent pas avoir été suivis avec assez de persévérance et de précision. Ils n'ont pas donné de résultats et ont été abandonnés.

II. — MYTILUS EDULIS

Les moules sont excessivement abondantes sur presque toute la côte qui nous occupe. Mais elles ne sont point distribuées au hasard et on ne les trouve que dans les endroits qui répondent à certaines conditions biologiques très précises. C'est ce qui fait que le cordon de moulières littorales est interrompu çà et là sur la côte, et l'on constatera, à la simple inspection rapide de la carte, que ces coupures correspondent à des modifications de la constitution physique ou des conditions océanographiques du littoral.

Voici qu'elles sont les principales de ces conditions physiques indispensables à la présence des moules. Notons d'abord que toute la moulière est sur roche et qu'on ne trouve pas de moulières sur vase comme il y en a si fréquemment au Sud de la Bretagne.

1° La roche est solide, immuable, elle fait en quelque sorte partie intégrante du sol et les vagues en déferlant dessus ne l'ébranlent pas ; alors, si elle présente les conditions favorables qui sont énumérées plus loin, *elle se couvre de moules.*

2° La côte est couverte de blocs plus ou moins arrondis, souvent énormes, gros comme des maisons, mais ne faisant plus partie intégrante du sol ; ils sont le résultat de la démolition ancienne de la falaise. Alors, quel que soit leur volume, quelle que soit leur exposition favorable, ils *n'ont jamais de moules* à leur surface.

3° La côte rocheuse est exposée aux coups des vagues venant directement du large qui n'ont pas été amorties par des obstacles quelconques interposés ; alors *elle se couvre de moules.*

4° Si l'on a affaire à des rochers, écueils ou îlots détachés de la côte et battus par la mer sur leur face exposée au large, on observe les dispositions suivantes de la moulière :

a) Le rocher est petit, complètement recouvert à haute mer de mi-marée, et les vagues déferlent dessus presque aussi fortement devant que derrière ; il y a alors des moules sur toute sa surface venant à sec en marée moyenne, mais il y en a généralement *davantage* du côté du large.

b) Si l'écueil est plus gros, le ressac sensiblement moins fort derrière qu'en avant et son sommet au-dessus de la hauteur moyenne des marées on voit la moulière atteindre *son maximum* d'épaisseur et de vitalité *en avant*, *diminuer* sur les *côtés* et *disparaître* complètement ou presque en *arrière*.

c) Si l'écueil est plus important et devient un îlot, la protection qu'il produit sur sa face *arrière* est telle que la moulière y *disparaît*.

5° Comme conséquence de ce qui vient d'être dit on peut affirmer que les moulières naturelles sur roches ne peuvent exister que si ces roches sont *suffisamment exposées au ressac*.

6° Il en résulte aussi que les écueils ou îlots situés dans des baies profondes et abritées ainsi que les falaises de ces mêmes baies, sont dépourvus de moulières ; celles-ci cessent au point précis où l'agitation de la mer n'est plus suffisante.

7° Pour ces mêmes raisons, dans un archipel d'îlots ou d'écueils, les moules ne se développent que sur ceux qui forment *le front* de l'archipel du côté du large. Ceux du milieu ou de l'arrière n'en portent pas.

8° Exceptionnellement on peut trouver derrière un îlot, du côté tourné vers la côte, des moulières très restreintes ; c'est qu'entre l'îlot et la côte il y a un courant violent qui détermine une agitation de l'eau *équivalente à celle du ressac* du côté du large. Le même effet peut-être produit sur la *ligne d'interférence* des vagues derrière un îlot.

9° Les moulières ne s'établissent qu'au niveau moyen des marées sur les rochers. Elles correspondent à peu près à la zone des *Fucus*. Elles ne dépassent pas la zone des *Pelvetia* en haut et ne descendent pas jusqu'à la zone des *laminaires* en bas.

10° Etant donné cette préférence pour la zone des fucus, on

peut dire — du moins en ce qui concerne la région dont il est question — que dans les régions trop battues pour que les *fucus* y vivent, ils laissent la place libre pour les moules qui s'y installent en foule. La dite zone peut alors s'appeler zone des moulières ; 2° Si la côte est moins battue et que les fucus et les moules puissent s'y installer, il y a en quelque sorte lutte pour l'occupation des bonnes places entre eux. Diverses conditions secondaires font que l'un ou l'autre l'emporte. 3°. On voit, à la limite, des régions peu étendues où se fait la transition ; elles sont couvertes de maigres touffes de fucus, entremêlées de plaques fragmentées plus ou moins grandes de moules ; plus loin, du côté abrité, les fucus l'emportent, du côté battu ce sont les moules.

11° Sur certains rochers, les moules restent maigres, petites, à coquilles très épaisses, à byssus très développé. On remarque ces faits surtout dans les points où l'eau est le plus agitée ; l'animal a dépensé toute son énergie à se fabriquer des moyens de fixation, et il semble ne plus avoir assez de substance ni de force pour développer sa chair et ses organes mous. Au contraire, lorsque les conditions d'existence sont moins dures, l'animal a une tendance à s'engraisser, à s'accroître, à diminuer l'épaisseur de ses valves et la résistance de son byssus. Il en résulte qu'au point de vue commercial, les moules des premières régions sont sans valeur, celles des autres sont exploitées pour la consommation.

12° Il arrive quelquefois que les moules disparaissent sur certains points où elles étaient abondantes, pendant une ou plusieurs années. On attribue ce fait à l'exploitation intensive de ces moulières. Cette explication me paraît inexacte, car cette disparition peut se faire dans des points où les moules ne sont pas exploitées ; en outre, les moules pullulent à tel point, au moins sur les moulières de rocher, que les pertes d'une année seraient infailliblement comblées l'année suivante. Enfin l'exploitation même intensive d'une moulière, ne la détruit pas radicalement en une année. Or dans les disparitions subites dont je parle, il n'en reste pas une seule, Je n'ai aucune explication plausible à donner de ce phénomène ; il faudrait suivre une même moulière pendant plusieurs années et voir si ses oscillations ont un rapport avec celles de la température de l'air et de l'eau, les modifications des courants, etc...

13° Dans plusieurs points de la côte arrivent, surtout dans le fond des baies, de petits cours d'eau douce; les moules qui se trouvent sur les rochers du large et qui sont susceptibles d'être touchées par un peu de cette eau douce, ont une tendance à s'engraisser et à accroître leurs dimensions. C'est là que les pêcheurs vont de préférence les récolter.

J'ai tout lieu de croire que les indications que je viens de donner sur la biologie des moules de rochers, sont générales sur toute la côte de Bretagne; je crois devoir la formuler, bien que le travail actuel ne se rapporte qu'à une section de la côte assez restreinte. Il faudrait y ajouter quelques compléments en ce qui concerne les moulières à plat sur vase; mais il ne s'en trouve aucune dans toute la région qui nous occupe. Je puis dire cependant que ces moulières sont la plupart du temps artificielles et que les moules y subissent une adaptation due au changement de leurs conditions d'existence normales qui sont d'être sur rocher. Ces moulières ne sont disposées que dans des régions protégées et les moules y modifient constamment la nature du sol par l'énorme accumulation de vase qu'elles fixent. Nous étudierons plus tard cette question.

La consommation des moules se fait dans toute la région exclusivement sur place; on en trouve d'innombrables débris dans tous les villages et les fermes du littoral. Les riverains vont en chercher dans les points de la côte où ils savent qu'elles sont meilleures, mais elles ne sont pas exportées sur les marchés des villes. Leur qualité est trop rarement bonne pour valoir le prix du transport. Par conséquent, bien qu'elles soient excessivement abondantes, elles ne donnent lieu qu'à un commerce à peu près nul.

Elles sont utilisées également en très grande quantité pour la pêche de certains poissons. Les pêcheurs de maquereaux, de gades, de prêtreaux, de vieilles, les détachent des rochers par plaques au moyen d'une fourche, les écrasent dans une marmite avec une buche, ils jettent à l'eau cet appât qu'ils appellent *spronck* ou *sprongue* sur les lieux de pêche. On fait ainsi une grande consommation de moules pour la pêche du maquereau dans la baie de Lannion.

Nous allons maintenant prendre l'étude très rapide de la côte, en allant de l'Est à l'Ouest, en indiquant quelques particularités de la disposition des moulières.

Au premier coup d'œil sur la carte, on peut remarquer que les moulières, qui sont marquées en bleu, forment un cordon presque continu, mais qui ne suit pas exactement toutes les sinuosités de la côte. Par exemple elles traversent d'un îlot à l'autre l'embouchure des rivières de Morlaix et de Saint-Pol sans pénétrer dans les baies correspondantes.

Si nous commençons l'étude à droite de la carte par la pointe de Plestin (**10**) vers Locquirec (**11**) Beg an Fry (**12**) Plougasnou (**13**) Primel (**14**) jusqu'aux Roches Jaunes (**15**) on remarque que toute cette portion de la côte est formée de falaises verticales tombant en eau profonde et que les moulières n'ont qu'une très faible étendue pour s'y développer en surface. Aussi forment-elles un cordon de peu d'épaisseur tout le long de cette côte au niveau moyen des marées. Toute cette région est donc directement exposée aux vagues du large, sans protection par des îlots, ceux qui existent étant très éloignés de la côte. Aussi la moulière est-elle presque continue. Notons en passant quelques îlots intéressants qui sont plutôt des rochers isolés, fort abrupts, où les moulières sont très développées : La Méloine (**16**) petit archipel à 8 kilomètres environ de la côte, à peu près inabordable, et les Chaises de Primel (**17**) à 2 kilomètres environ de la pointe du même nom.

A partir des Roches Jaunes (**15**) jusqu'à l'île de Bas commence une seconde section de la côte très différente de la précédente. C'est l'estuaire des rivières de Morlaix et Saint-Pol de Léon. Cet estuaire est partagé en deux par une longue pointe que termine l'île Callot (**21**) et il est parsemé par une quantité d'écueils, de rochers, d'îlots qui sont le vestige de l'ancienne côte détruite par l'abrasion. Ainsi qu'il est facile de le voir par la teinte bleue de la carte, les seuls de ces rochers qui portent des moules sont ceux qui sont à l'entrée de ces deux estuaires, et ils n'en portent que sur leur face tournée au large; dès que l'on examine les rochers des deux estuaires proprements dits on voit que les moules y font totalement défaut. Il faut en outre remarquer que les rochers qui portent des moules forment une large bande oblique dans l'estuaire, du Nord-Ouest au Sud-Ouest, qui continue nettement la direction générale de l'île de Bas.

Je ne veux pas entrer dans l'énumération des innombrables rochers qui encombrent cette baie et la bordent; les indications de la carte suffiront avec quelques notes.

Les deux falaises bordant la baie portent des moules sur une très faible étendue; des Roches Jaunes (**15**) à la pointe de Barnenez (**18**) on les voit peu à peu diminuer puis disparaître sur les derniers rochers de cette pointe. Il en est de même de l'autre côté de la baie ; on voit des moulières sur la pointe orientale de l'île de Bas (**26** et **27**) elles diminuent sur les îlots de Ty-saoson et de Pighet (**24**). On en trouve encore quelques-unes sur l'entrée du chenal de Roscoff, au fort de Bloscon, puis elles disparaissent définitivement à la pointe de Roch Ilievec (**23**).

Entre ces deux falaises s'étend la bande oblique d'îlots et d'archipels dont quelques-uns sont remarquables par la merveilleuse faune que l'on y trouve ; ce sont les rochers de Beclem et des Ricards (**19**), le groupe du Vezoul, la Vieille, l'île Verte (**20**), la pointe nord de l'île de Callot (**21**), le groupe des Bisayers (**22**) avec le Menk et Guerhéon qui est le rocher à moules le plus rapproché de la côte, enfin les îlots de Duon (**23**) où sont les plus belles moules de toute la région.

Nous arrivons maintenant à l'île de Bas ; sa côte nord profondément découpée, déchiquetée est en partie formée de rochers solides, en partie par des accumulations de blocs roulés. On pourrait croire qu'en raison de l'exposition très favorable de cette côte elle est entièrement couverte de moules, mais si l'on se reporte aux conditions générales que j'ai indiquées plus haut, on comprendra que les moules ne se trouvant que sur les rocs solides, une très grande partie de la côte en est dépourvue. Les cordons de moules les plus importants sont au nord de l'île (27 et 28), à ses deux pointes (26 et 29). Au contraire sa face sud en est à peu près totalement dépourvue sauf en un point très restreint près de la jetée du port.

Entre l'île de Bas et la côte se trouve un chenal le long de la ville de Roscoff, parsemé de rochers et d'écueils, aux fonds très variés, et renfermant une faune merveilleuse. Un fort courant de marée parcourt ce chenal, et c'est grâce à lui que divers rochers : Ar Skis, Perrock, Le Loup (30 et 31) portent des moules ; mais les moulières sont petites, et elles manquent totalement sur tout le littoral proprement dit de cette région.

Si nous continuons à nous avancer le long de la côte vers l'Ouest en partant de Roscoff, nous trouvons, à l'abri de la pointe occidentale de l'île de Bas toute une série d'énormes écueils : An Néret, Quivilri, Rec'hhierdoun (32); ils semblent taillés pour recevoir de grandes moulières, mais encore abritées par l'île de Bas, ils n'en portent que sur leur lisière occidentale; les moules ne recommencent à être abondantes qu'en dehors de l'abri à la pointe de l'île de Sieck (33). Là s'étend une magnifique grève au bas de laquelle sont des rochers couverts de moules. Au fond de la grève débouche un joli ruisseau, remarquable par les truites que l'on y pêche. Les moules des rochers qui l'avoisinent (34) sont excellentes.

A partir de la grève de l'île de Sieck (34) jusqu'à la pointe de Plouescat (37) où commence l'énorme grève de Goulven, les roches de la falaise sont d'abord solides et portent des moules, mais peu à peu elles s'entremêlent de blocs roulés qui finissent par former presque exclusivement la bordure littorale jusqu'à la pointe de Plouescat.

Ainsi les moules disparaissent presque totalement à partir de Roc'h Haro (35) jusqu'à l'anse de Kernic (37). Elles ne se fixent que sur les rares rochers solides qui apparaissent çà et là Enes Tevez (36) Enes-Eog.

La grande grève de Goulven, de 10 à 12 kilomètres de long, bordée en haut de dunes, est parsemée en bas d'une foule de rochers qui portent des moules sur leur face exposée au large. Les plus importants sont Kebell (**38**), Carrec ar Fav (**39**).

La côte occidentale de cette baie, autour de Brignogan, Plouneour Trez, jusqu'à Pontusval redevient solide (**39** et **40**) et se couvre de moules, contrastant absolument avec la côte éboulée orientale. Les moulières y sont très abondantes et de grande étendue. Un peu plus loin à partir du port de Pontusval nous voyons reparaître la même nature de côte qu'autour de Plouescat (**35** à **37**) ; les roches éboulées reprennent (**41** à **43**) jusqu'à la petite baie de Kerlouan et les moulières disparaissent totalement. C'est la même orientation de côte, la même nature, les mêmes éboulis et les mêmes dunes, aussi la faune est-elle toute pareille. Les moules ne trouvent pour se fixer que quelques têtes de roche peu étendues.

Je puis dire que cette disposition se continue encore assez loin au-delà de Guisseny. Mais comme cette région fera l'objet d'une autre carte je n'en parle pas dans cette note.

Je n'insiste pas davantage sur ces moulières ; la lecture de la carte indiquera bien mieux qu'une longue description des diverses particularités de la côte. En se reportant aux propositions qui se trouvent au commencement de cette note on en fera très facilement l'application aux diverses portions de cette carte.

Comme il n'y a dans toute cette région aucune moulière classée ni aucun établissement de mityliculture, je laisse maintenant cette question pour aborder l'étude d'autres mollusques.

III. — TAPES DECUSSATA

La Palourde *Tapes decussata* Lin. se trouve dans bon nombre de points du littoral ; dans certains d'entre eux elle est assez abondante et elle est récoltée par un grand nombre de riverains.

Son habitat dans la région est facile à délimiter. Il faut pour cela exclure tout terrain exclusivement rocheux ; puis toutes les grèves directement exposées au large où le sable est pur et dépourvu de vase, puis enfin tous les terrains exclusivement composés de vase molle, dans les berges des estuaires. Elle ne remonte pas jusqu'en haut des grèves, mais elle descend jusqu'au niveau des basses mers de grande marée; cependant c'est au niveau moyen qu'on les trouve en plus grande abondance. Elle vit de préférence dans les sables plus ou moins vaseux; elle se trouve aussi dans les herbiers, mais presque exclusivement dans les plaques dépourvues de zostères.

Les gisements de ces palourdes se rencontrent surtout dans les baies abritées; on voit de suite sur la carte la disposition générale de ces gisements presque fermés. En allant de l'Est à l'Ouest on en trouve un assez étendu dans la baie de Locquirec, (**10** et **11**), un autre, peu important, dans l'anse de Saint-Jean-du-Doigt (**14**), dans l'anse de Barnenez (**18**) et le long de la presqu'île du même nom dans l'embouchure de la rivière de Morlaix. Toutes les petites grèves qui entourent la presqu'île Carantec et l'île de Callot (**9**, **44**, **21**, **4**, **3**, **2**) en contiennent beaucoup.

Dans l'estuaire de la Penzée, sous Saint-Pol de Léon, se trouvent de très grandes grèves avec des herbiers, des sables plus ou moins vaseux. On y récolte des palourdes en grand nombre. C'est le principal gisement de toute la région (**45** et **46**) surtout devant le petit port de Pempoull.

On arrive ensuite à la pointe de Roscoff qui est abritée par l'île de Bas; dans le chenal qui sépare la côte de cette île toutes les grèves, les bancs de sable, les herbiers sous le laboratoire, le port de Roscoff, les grèves plus ou moins vaseuses de l'Aber (**48**), de Perharidi, de Santec (**49**) renferment des palourdes. Elles sont très recherchées par les femmes du pays qui les vendent à Roscoff même où l'en en fait des envois assez importants principalement vers le Midi, à Marseille et à Toulon.

Il faut aller ensuite jusqu'à la grève de Goulven pour trouver un nouveau gisement de palourdes; on en récolte en petite quantité aux deux angles de la grève, à Kernic et à Goulven, où il y a de petits ruisseaux amenant un peu de vase dans le sable (**50** et **51**). De Brignogan à Pontusval, les hautes grèves protégées en sont assez riches (**52**). On en trouve encore quelques-unes dans le port de Pontusval et dans la petite anse de Kerlouan (**43**).

IV. — CARDIUM EDULE

Ce mollusque (que l'on appelle dans le pays Rigadelle) est assez abondant. On le trouve dans les même localités que la Palourde, mais il occupe généralement les parties plus élevées des grèves. Il se trouve aussi dans les herbiers, dans le sable vaseux, et il occupe une zone en bordure entre celle des *tapes* et le littoral. Mais il descend aussi dans la zone des palourdes et l'on trouve très fréquemment les deux mollusques associés.

Les gisements principaux sont dans la baie de Locquirec (**10** et **11**) anse de Saint-Jean du Doigt (**14**) embouchure de la rivière de Morlaix et de la Penzée, principalement dans la grève de Pempoull (**45** et **46**). Les grèves autour de Roscoff en contiennent en assez grande quantité : Aber (**48**), Santec (**49**). Grèves de l'île de Sieck (**33** et **34**) et de Goulven (**50**, **51** et **52**), anse de Kerlouan (**43**).

Je n'insiste pas davantage sur ce mollusque peu estimé qui est consommé sur place par les riverains, et ne fait pas l'objet d'un commerce appréciable dans la région.

V. — VENUS VERRUCOSA

C'est la Praire. On la rencontre dans les mêmes régions que la palourde, mais seulement dans la partie inférieure de cette zone. Il faut que la mer baisse au-dessous du niveau moyen des basses mers pour qu'on en trouve; mais les récoltes que l'on en fait sont toujours peu abondantes. On en rencontre principalement autour de Roscoff, à la pointe orientale de l'île de Bas, dans les grèves de Saint-Pol de Léon et autour de l'île de Callot. Ces coquillages sont presque tous expédiés en colis postaux à Marseille.

VI. — PECTEN MAXIMUS

Ces grands coquillages se trouvent sur des espaces très restreints dans quelques points seulement de la côte. On en prend quelques-uns à la main sur le bord de ces gisements en grande marée, mais ils sont plus abondants un peu plus bas et on les prend dans des chaluts ou des dragues. C'est surtout en hiver que l'on fait cette pêche, et les coquilles de Saint-Jacques sont consommées sur place ou surtout expédiées sur Paris.

Il en existe un banc assez pauvre (**54**), au large de Beg an Fry, un autre, peu étendu, derrière les rochers de Beclem (**5, 8** et **19**). Deux autres très petits se trouvent dans l'embouchure de la rivière de Morlaix, à la roche Goimont (**55**) et au Cerf (**56**). Un banc plus étendu est placé dans le chenal de la Penzée, sous la grève de Pempoull (**57**). Enfin le banc, de beaucoup le plus important, se trouve dans le chenal, sur l'herbier, entre l'île de Bas et Roscoff (**30, 31** et **57**). A ma connaissance il n'existe pas d'autres gisements dans la région. Comme on le voit ces mollusques recherchent les régions abritées.

VII. — AUTRES BIVALVES

On recueille encore quelques autres bivalves comestibles mais ils ne sont pas recherchés dans ce pays. C'est le *Pecten varius* que l'on trouve en petite quantité autour de Roscoff; diverses espèces de *Solen* que l'on trouve dans les grèves de Saint-Pol, de Goulven, de l'île de Bas. La *Scrobicularia piperata* remonte dans le fond des estuaires, dans la vase.

Il faut signaler la *Mya arenaria*. Autrefois ce mollusque n'était recherché que pour les besoins scientifiques du Laboratoire de Roscoff. On en fait maintenant des expéditions par pleins paniers à Paris. Ses gisements sont rares.

On en trouve principalement très haut dans la rivière de Penzée, après le pont du chemin de fer (**58**). Il en existe là 2 ou 3 gisements très importants. Ces bivalves s'enfoncent jusqu'à 50 centimètres dans la vase des berges du chenal. Il y en a un autre gisement dans le fond de la baie de Barnenez (**59**). On m'en a signalé un autre près de Sibiril (**60**); sur la berge de l'estuaire d'un ruisseau. Je n'ai pu vérifier son existence.

VIII. — HALIOTIS TUBERCULATA

Ce magnifique gastéropode est abondant tout le long de la côte, mais plus particulièrement en certains endroits indiqués en violet sur la carte.

Il vit collé par son large pied sous les roches mobiles, dans les fentes de rochers, au niveau de la basse mer des grandes marées. On le trouve en retournant les pierres ou en s'introduisant sous les gros blocs ronds dont j'ai parlé ; il vit à la voûte des sortes de grottes ainsi formées.

On ne le rencontre que dans les endroits où la mer est assez agitée pour aérer fortement l'eau ; il manque donc dans les estuaires et les baies trop protégées.

Précisément à cause de sa prédilection pour les roches non fixées on le trouve dans ces régions si spéciales de la côte qui, bien que très battues par la mer, ne conviennent pas aux moules. Il abonde sur les récifs de la Méloine (**16**) et des Chaises de Primel (**17**). On le trouve tout le long de la côte depuis Plestin (**10**) jusqu'à Primel (**14**) les roches Jaunes (**15**). Il abonde au Beclem (**19**) à la pointe de Callot (**21**), aux Bisayers et à Duon (**21** et **22**), aux deux extrémités de l'île de Bas (**26** et **29**), autour de l'île de Sieck (**32** et **33**); on en trouve tout le long de la côte jusqu'à Plouescat (**34** à **37**) sur les roches de la grève de Goulven (**38** et **39**), Brignogan et Pontusval (**40** et **41**). Il devient très abondant depuis Pontusval jusqu'à Kerlouan (**43**) et au-delà.

Ce mollusque est consommé par tous les riverains et expédié sur la plupart des marchés des villes du voisinage et à Paris.

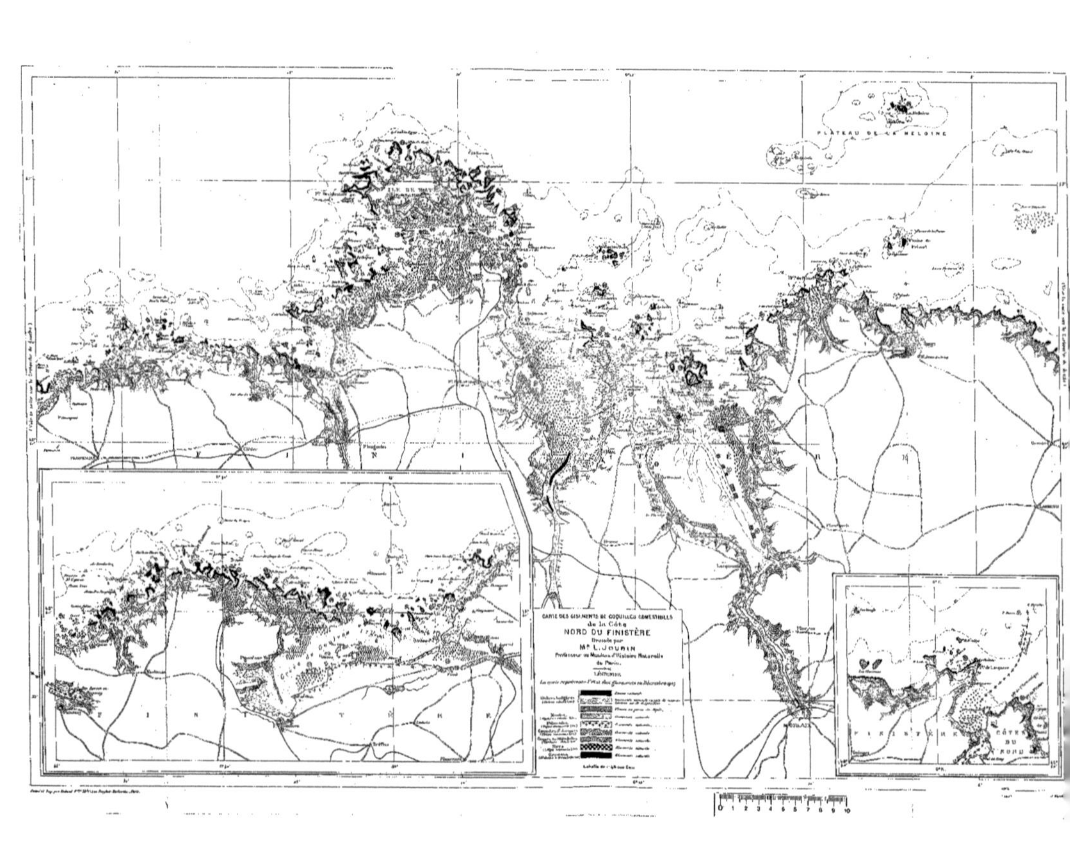

PLATEAU DE LA MELOINE
CARTE DES GISEMENTS DE COQUILLES COMESTIBLES
de la Côte
NORD DU FINISTÈRE
Dressée par
Mr L. JOUBIN
Professeur au Muséum d'Histoire Naturelle
de Paris.
LÉGENDE
F I N I S T È R E
CÔTE DU NORD
0 1 2 3 4 5 6 7 8 9 10

CARTE DES GISEMENTS DE COQUILLES COMESTIBLES
de la Côte
NORD DU FINISTÈRE
Dressée par
Mr L. JOUBIN
Professeur au Muséum d'Histoire Naturelle
de Paris.
PLATEAU DE LA MÉLOINE
ÎLE DE BATZ
MORLAIX
FINISTÈRE
CÔTES DU NORD

www.ingramcontent.com/pod-product-compliance
Ingram Content Group UK Ltd.
Pitfield, Milton Keynes, MK11 3LW, UK
UKHW020449220726
13923UKWH00005B/2435

9 782014 455298